高效种植关键技术图说系列

图说棚室西瓜
高效栽培关键技术

（本项目获得北京市优秀人才资助）

主　编
刘彦泉　芦金生　陈殿玉
编著者
王　坤　冯文清　马希跃
刘永新　刘国栋　刘艳军
何立月　李　冲　陈宗光
张保东　张桂娟　张　超
赵光华　赵娇娜　杨恩庶
哈雪姣　殷　实

金盾出版社

内 容 提 要

应广大农民朋友的要求，金盾出版社与部分农业专家、教授共同策划，约请具有丰富生产实践经验的技术人员参加编写，陆续出版“高效种植关键技术图说系列”图书。系列图书以彩图、线条图与文字相结合的形式，着重介绍高效种植的关键技术。

本书由北京市大兴区人民政府蔬菜办公室一线生产技术人员编著，以图文结合的形式介绍了西瓜棚室栽培的各项关键技术。内容包括：温室与大棚的建造，西瓜新优品种，西瓜嫁接育苗，西瓜的定植与田间管理，西瓜病虫鼠害防治等。本书具有重点突出、科学实用、形象直观、言简意赅的特点，适合广大菜农、基层农业技术推广人员学习使用，也可供农业院校师生阅读参考。

图书在版编目(CIP)数据

图说棚室西瓜高效栽培关键技术/刘彦泉等主编. —北京：金盾出版社，2009.3

(高效种植关键技术图说系列)

ISBN 978-7-5082-5540-8

Ⅰ. 图… Ⅱ. 刘… Ⅲ. 西瓜—温室栽培—图解 Ⅳ. S627.5-64

中国版本图书馆 CIP 数据核字(2009)第 013751 号

金盾出版社出版、总发行

北京太平路 5 号(地铁万寿路站往南)

邮政编码：100036 电话：68214039 83219215

传真：68276683 网址：www.jdcbs.cn

封面印刷：北京 2207 工厂

正文印刷：北京蓝迪彩色印务有限公司

装订：北京蓝迪彩色印务有限公司

各地新华书店经销

开本：787×1092 1/32 印张：3.125 字数：48 千字

2010 年 10 月第 1 版第 2 次印刷

印数：15 001～25 000 册 定价：12.00 元

目　录

一、温室与大棚的建造

（一）设施建设的规划和布局

1.场地的选择　设施建设场地的好坏对其结构性能、环境调控以及经营管理等影响很大，选点前要结合区域发展规划，以基本农田保护区为主，避免与整体规划发生冲突，同时要考虑该区域的可持续生产能力。此外，重点考察以下6点：①建设基地的环境条件应符合《无公害食品　蔬菜产地环境条件》（NY 5010—2002）的要求（表1-1，表1-2，表1-3）。②为了多采光，要选择南面开阔、无遮荫的平坦矩形地块，温室的东、西、南方向30米内应没有高大遮光障碍物。③为了减少炎热和风压对结构的影响，要选择背风的地带。④选择水源丰富、水质好的地块。⑤选择土壤肥沃、土质适宜、排水良好的地块。⑥考虑到基地生产投入品及产品销售运输等情况，要尽量将基地建在交通便利、水电设施配套容易的地块。

表1-1　环境空气质量要求

项　目	浓度限值	
	日平均	1小时平均
二氧化硫（标准状态）（毫克／米^3）	≤0.15	
氟化物（标准状态）（微克／米^3）	≤7	

注：日平均指任何1日的平均浓度；1小时平均指任何1小时的平均浓度

表 1–2　灌溉水质量要求

项　目	浓度限值
pH	5.5～8.5
总汞（毫克／升）	≤0.001
总镉（毫克／升）	≤0.005
总砷（毫克／升）	≤0.1
总铅（毫克／升）	≤0.1
铬（六价）（毫克／升）	≤0.1
石油类（毫克／升）	≤10
挥发酚（毫克／升）	≤1

表 1–3　土壤环境质量要求

项　目	含量限值		
	pH<6.5	pH6.5～7.5	pH>7.5
总镉（毫克／千克）	≤0.3	≤0.3	≤0.6
总汞（毫克／千克）	≤0.3	≤0.5	≤1
总砷（毫克／千克）	≤40	≤30	≤25
总铅（毫克／千克）	≤250	≤300	≤350
总铬（毫克／千克）	≤150	≤200	≤250

注：本表所列含量限值适用于阳离子交换量>5 厘摩／千克的土壤，若≤5 厘摩／千克，其含量值为表内数值的半数

2.棚室配套设计

（1）方位选择　温室要求坐北朝南，东西延长，方位角以正南或南偏东 5° 为宜；塑料大棚要求南北延长。

（2）邻栋间隔　温室东西间隔 3～6 米，南北间隔 7～7.5 米（不小于温室跨度）；塑料大棚东西间隔 2～3 米，南北间隔 4 ～6 米。

（3）缓冲间设计　长度 80 米以内的温室，缓冲间设置在温室的一侧；长度80 米以上的温室，缓冲间设置在温室的中间部位。

（4）灌溉系统　实施节水灌溉，尽量用滴灌、微喷等形式。

（5）供电系统　保证照明及动力电路设施、插座齐全，为光温调控的电气化及机械化发展做好准备，保证基地各项用电安全、合理。

（6）道路规划　要保证运送生产资料、农产品的交通工具以及生产中使用的各类机械等可以顺利到达每一个设施，园区田间主干路宽度6米，支路宽度2～3米，采用沥青或水泥硬化路面。

（二）大棚的结构与建造

1.大棚的结构　北方地区大棚一般为南北延长，大棚的长度在50米左右，一般一棚用667平方米地比较合适。南北延长，大棚的长度对大棚的性能影响不大。理想大棚的结构是高度3米，东西跨度12米，南北延长55米。

2.大棚的类型和构造

（1）竹木结构塑料大棚　竹木结构的塑料大棚组成部分由立柱、拱杆、拉杆、棚膜、压线和地锚、门等组成（图1-1，图1－2)。立柱起支撑棚架和固定作用，立柱的材料由竹竿、木杆或水泥柱等组成。拉杆起固定立柱、连接整体的作用，使棚体不产生位移。拉杆的材料为竹竿或木杆。拱杆起保持固定棚形的作用，拱杆的材料为竹竿。薄膜需用压膜

图1–1　竹木结构塑料大棚正面

图 1–2　竹木结构塑料大棚侧面

线、绳或8号铅丝压紧，每两道拱杆间压一道，两端固定在大棚两侧地锚上。地锚的埋深为80厘米。竹木结构大棚造价低，容易建造。缺点是支柱多，不利于机械作业。竹木易腐朽，使用2～3年则需要维修或更换。竹木结构的大棚跨度一般为11～12米，高度为2.5米左右，大棚的长度在50～60米。竹木结构大棚高度小，顶风口的开关容易，便于温度的管理。

（2）普通钢架塑料大棚　普通钢架大棚跨度一般为11～14米，长45～60米，中高2.8～3.3米，占地面积600～800平方米。棚内无立柱，为增加大棚的强度，可中间加一排立柱。拱架用材为钢筋，因此遮荫少，透光好，便于操作，有利于机械化作业，坚固耐用，使用期10年以上。拱架上弦为6分管材，下弦为圆钢。为增强拱架强度上下弦连接成“人”字形。拱架间距1.2～1.3米，拱架之间用钢筋连接（5道钢筋连接）。拱架两端焊接在欲埋墩上。棚膜上好后在两根拱架中间用8号铅丝做压线，压线连接在地锚上，地锚的埋深在80厘米以下。

（3）镀锌管组装式塑料大棚　以厚壁圆管为主要骨架用材，一般由厂家生产配套供应，用户组装即可。大棚的长度50～60米，高度3.3～3.8米，跨度在10～11米，肩高1.6米。拱架为厚壁镀锌钢管，规格为直径32～33毫米、壁厚2.3～2.5毫米。拱间距1米，底脚插入土中30厘米固定，地表用横拉杆（材料同拱架）连接拱杆，顶端套入弯管内用顶丝固定。为使整体牢固和拱架不变形，在纵向设6道拉杆用卡子固定。为了增加棚体牢固性，纵边四个边角部位可用4根斜管加固棚体。棚体两端各设一门，除门的部位外，其余部位设4排横杆，上有卡槽，用弹簧条嵌入卡槽固定薄膜。棚两侧用卡槽固定薄膜，底角高度1.2米。用手摇卷膜装置，供大棚通风换气时开闭风口。这类大棚外形美观、整齐，内无立柱，便于操作和机械作业，可用15～20年。

跨度10米、长55米组装式大棚材料预算见表1–4和图1–3。

表1–4　跨度10米、长55米组装式大棚材料预算

项　目	数量要求
架　子	用直径3.3厘米2.3厘米厚冷镀管，长14.7米；拱杆间距96厘米
横拉杆	每棚横拉杆9道，用6分1.7厘米厚冷镀管500米
棚头斜杆	每棚棚头斜杆4根，用6分1.8厘米厚冷镀管，长40米
放风杆	用4分1.8厘米厚冷镀管，长110.5米
接管用钉和压膜槽	接管用钉700个，连上压膜槽，每棚用压膜槽172米，压膜槽接头20个
卡子	每棚用486个
棚架接头管	用直径2.8厘米2厘米厚镀锌管，每根长50厘米
横拉杆接头管	用4分镀锌管，长21米
推拉门	用6分1.7厘米厚冷镀管，长16米；滑轮4个；上下轨道9米，用6分1.7厘米厚冷镀管
塑料布	长64米，宽14.4米
铁丝	每棚用232米
压膜线	每棚用880米

续表 1–4

项　目	数量要求
砖	每棚 114 块
塑料布与放风杆连接卡子	220 个
放风杆立管	4 米

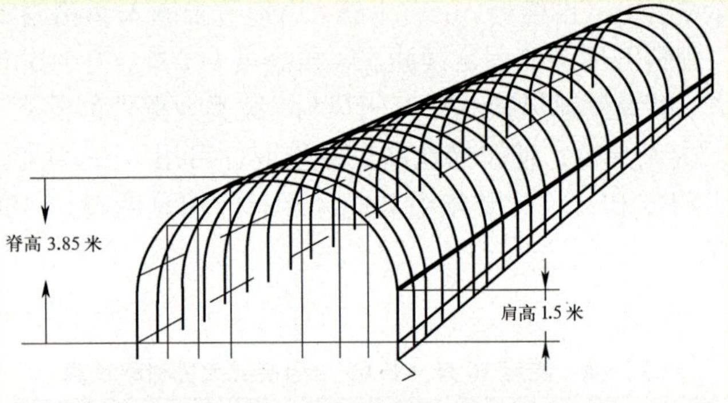

图 1–3　跨度 10 米、长 55 米组装式大棚

3. 棚膜的选择和风口的设置　棚膜的选择应考虑膜的保温性、透光性。理想棚膜应具备无滴、无雾、长寿、防老化等性能。可选择乙烯－醋酸乙烯多功能复合膜。

（1）棚膜宽度　大棚膜宽度＝棚的跨度＋棚的高度＋风口的数量× 20 厘米＋底边 40 厘米。如棚的高度是 3 米，跨度是 12 米，3 道风口，棚膜宽度为 12 米＋ 3 米＋ 3 × 0.2 米＋ 0.4 米＝ 16 米。

（2）风口的设置　大棚的风口为 3 道，1 道顶风口，2 道侧风口。顶风口的作用是降低温度和湿度，侧风口的作用是通风换气。顶风口的位置设在大棚的最高点；侧风口的位置设在大棚的两侧，离地面高度1.5米左右为好。风口处棚膜重叠 20 厘米，风口处要粘结防老化绳。

（三）日光温室类型与性能特点

1. 日光温室的结构

（1）日光温室规格 日光温室规格的一般要求见表1-5，日光温室的主要技术规格见图1-4。

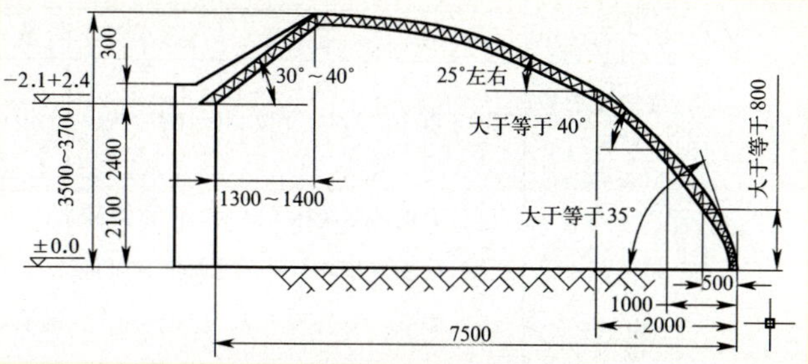

图1-4 日光温室的主要技术规格示意图（单位：毫米）

表1-5 日光温室规格

项 目	尺寸要求				
跨度（米）	6.0	6.5	7.0	7.5	8.0
长度（米）	60～80（60居多，个别达90～100）				
脊高（米）	3～3.2	3.1～3.3	3.3～3.5	3.5～3.7	3.7～4.0
后墙高（米）	2～2.2	2.2～2.3	2.3～2.5	2.4～2.7	2.5～2.8
后屋面水平投影长（米）	1～1.1	1.1～1.2	1.2～1.3	1.3～1.4	1.4～1.5
最低作业高度（米）	0.8(距前屋面底脚0.5米处拱架的垂直高度)				
屋面切线角度	前底角处切线角65°以上，距前底角1米处切线角40°以上，距前底角2米处切线角25°左右				

（2）砖混结构日光温室主体结构用材要求 后墙墙垛要求见表1-6，后墙、东西山墙要求见表1-7，前地脚基础、防寒沟要求见表1-8，后屋面要求见表1-9，骨架、纵拉杆要求见表1-10。

表1–6　后墙墙垛要求

项　目	间　距	横截面	垫层厚度	垫层宽度	基础深度
后墙墙垛（厘米）	300	24 × 48	10～20	80～100	60～80

表1–7　后墙、东西山墙要求

项　目	垫　层		基　础		墙体厚度
	深　度	宽　度	深　度	宽　度	
规格要求（厘米）	10～20	80～100	60～80	80～100	内24+中保温层10+外24
备　注	1.后墙内侧应抹1厘米厚的水泥砂浆； 2.后墙应预埋与骨架连接的预埋件； 3.圈梁：纵筋为 ϕ 12毫米热轧光圆钢筋，箍筋为 ϕ 6毫米热轧圆盘条，每200毫米扎1道，圈梁宽0.5米，高0.3米。施工时按拱架间距等距放置预埋件以固定拱架				

表1–8　前地脚基础、防寒沟要求

<table>
<tr><th>项　目</th><th colspan="3">规格要求</th></tr>
<tr><td rowspan="4">前地脚基础</td><td rowspan="3">水泥墩</td><td>规　格</td><td>1.50厘米× 30厘米× 30厘米(深)或50厘米× 50厘米× 30厘米；
2.20厘米× 20厘米× 50厘米(深)；
3.30厘米× 20厘米× 40厘米(深)；
4.凸型（顶20毫米× 30毫米，下30毫米× 30毫米，高50毫米）</td></tr>
<tr><td>间　距</td><td>同骨架（一般为1米，在骨架强度足够的情况下可以选择1.1米或1.2米）</td></tr>
<tr><td>预埋件</td><td>水泥墩的上部应预埋与骨架连接的预埋件</td></tr>
<tr><td>地梁</td><td colspan="2">1.夯实垫层厚度，为10～20厘米；
2.砖墙宽24厘米，高20～30厘米；
3.50毫米× 50毫米连续角钢与骨架相连；
4.地梁：纵筋为 ϕ 12毫米热轧光圆钢筋，箍筋为 ϕ 6毫米</td></tr>
</table>

续表 1–8

项　目	规格要求
	热轧圆盘条，每200毫米扎1道，宽0.3米，高0.2米。施工时与圈梁相对应，按拱架间距等距放置预埋件以固定拱架
防寒隔热层	紧贴前地脚基础内侧，用宽度为5～10厘米、深度≥30厘米聚苯板，外包塑料薄膜
集雨(排水)沟	1.紧贴前地脚基础外侧，20～30厘米PVC管的一半； 2.直径≥20厘米半圆形缸瓦管； 3.水泥浇筑的U型槽或U型排水建材 以上3种形式，其上沿最高处应低于地平面，东西向坡度（最小流水角）为3‰～5‰

表1–9　后屋面要求

项　目	规格要求
后屋面（材料）	1.5～10厘米的GMC板+SBS防水卷材； 2.8～10厘米水泥空心板+外加5～10厘米聚苯板（成本偏高）； 3.彩钢复合苯板即金属面聚苯乙烯泡沫夹心板(8～10厘米苯板)； 4.女儿墙、外水泥空心板

表1–10　骨架、纵拉杆要求

项　目	规格要求	
骨　架	安装间距	100～120厘米
	排列形式	连续排列的用双拱（“几”字钢的可以用单拱）
	上、下弦	1.钢骨架上弦外径≥2厘米，厚度≥0.18厘米的管材；下弦外径为≥0.18厘米钢筋或外径≥2厘米，厚度≥0.18厘米的管材； 2.70型“几”字钢

续表1-10 骨架、纵拉杆要求

项　目	规格要求	
骨　架	上、下弦间距	双拱拱架上弦和下弦之间的距离宜为15～25厘米
	腹杆（拉筋）	焊接双拱拱架的腹杆应呈锐角三角形排列
		0.6～1厘米直径圆钢或钢筋
纵拉杆	1.外径≥2厘米、厚度≥0.18厘米的管材； 2.直径≥1.4厘米钢筋； 3.前屋面≥4道，应固定于下弦	

2.影响日光温室性能的因素　①高跨比影响温室的采光和增温性能，理想的温室高度4米，跨度10米，高跨比为2∶5。温室跨度增加必须增加高度，每增加1米跨度高度增加20厘米以上。②拱架的角度直接影响温室的采光，温室的采光要考虑冬至时太阳高度角。依据光学原理，拱架与地面形成的夹角要大于60°，也就是在冬至时太阳光能照到后墙。③影响温室保温性的因素有后墙、侧墙、屋面、覆盖厚度、栽培面的深度等。温室的三面墙体厚度要大于1米，屋面的厚度要大于20厘米，覆盖物要两层，栽培面的深度要低于地平面60厘米左右。④棚膜的质量影响温室的增温、保温和采光性能，目前比较好的棚膜是聚氯乙烯无滴无雾防老化膜。聚氯乙烯棚膜比聚乙烯膜透光性好，保温性能好。

北京地区推荐的3种日光温室*：7.3米砖土混合墙式日光温室剖面图见图1-5，8米砖墙日光温室剖面图见图1-6和图1-7，9.5米跨琴弦式冬暖型日光温室见图1-8。

*参考《京郊蔬菜设施建设指南》。

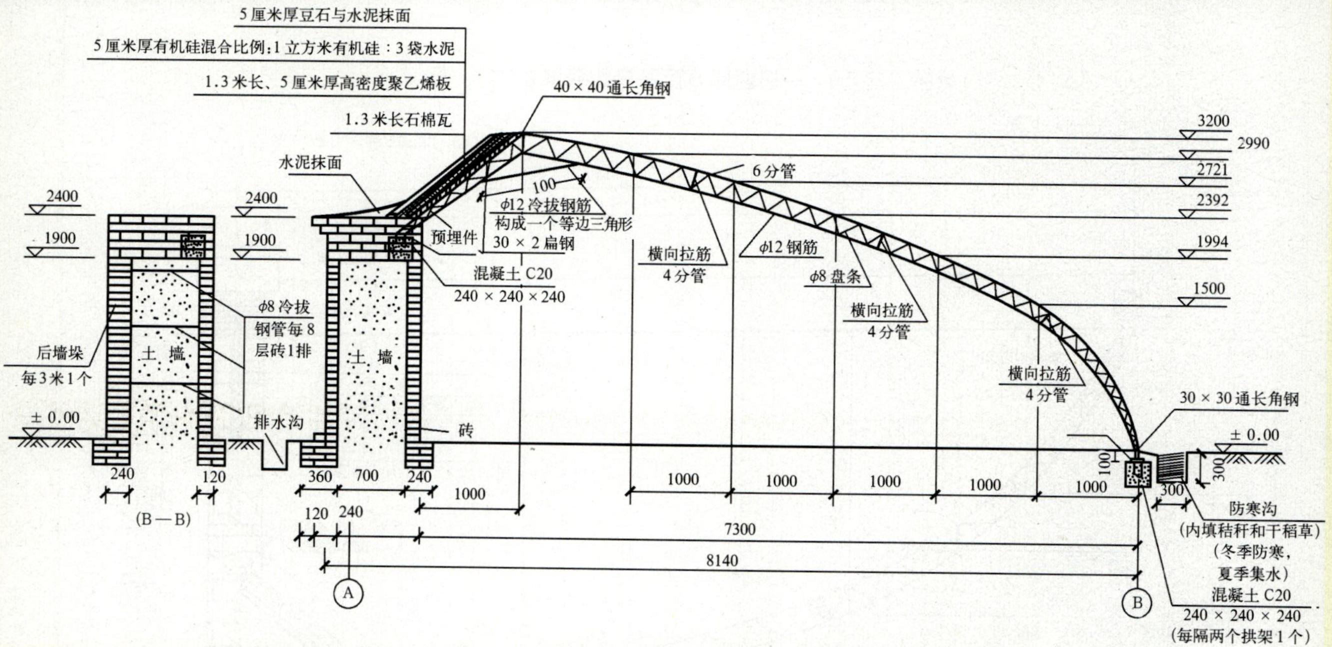

施工说明：1.后土墙和侧土墙必须从地下 40 厘米处做灰土基础，必须夯实；

2.内外砖墙必须使用高标号水泥砂浆仔细；勾缝、抹灰，必须做到满堂灰，防止雨水渗透；

3.后墙外必须有排水沟；

4.此类型温室适宜建在土质较黏的地块

图 1–5　7.3 米砖土混合墙式日光温室剖面图　（单位：毫米）

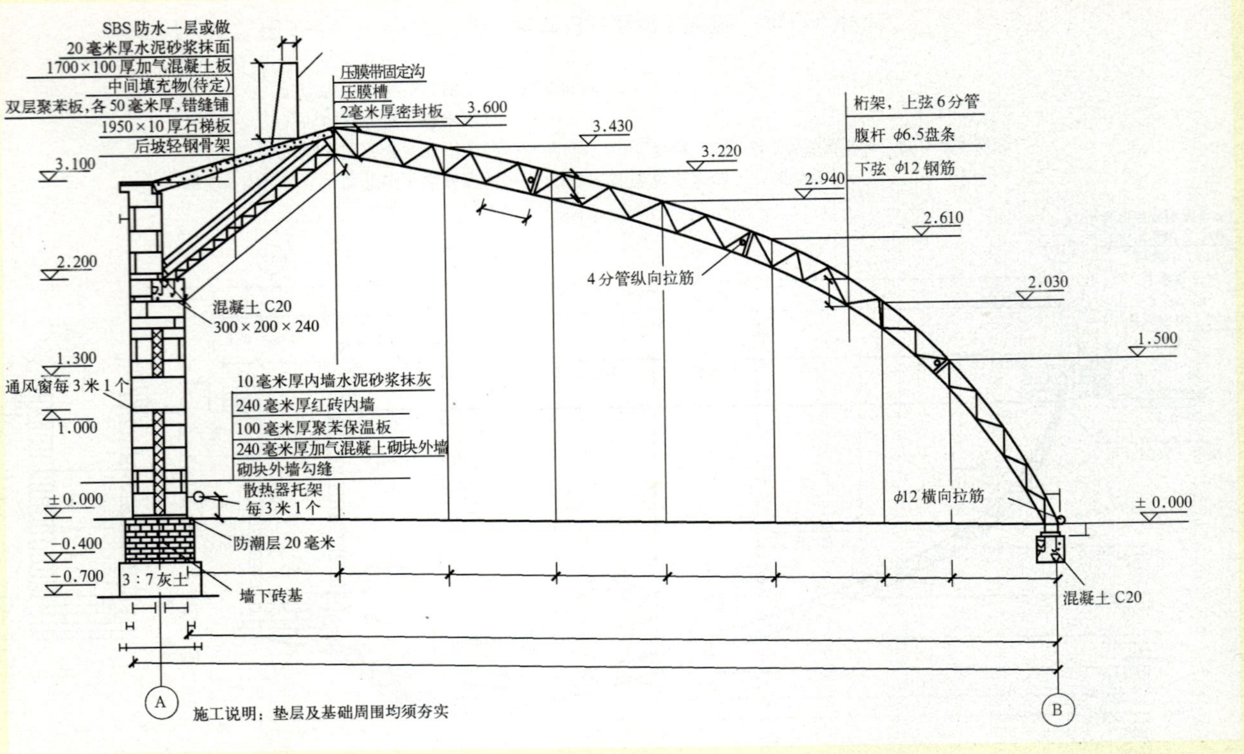

图1–6　8米砖墙日光温室剖面图一　（单位：毫米）

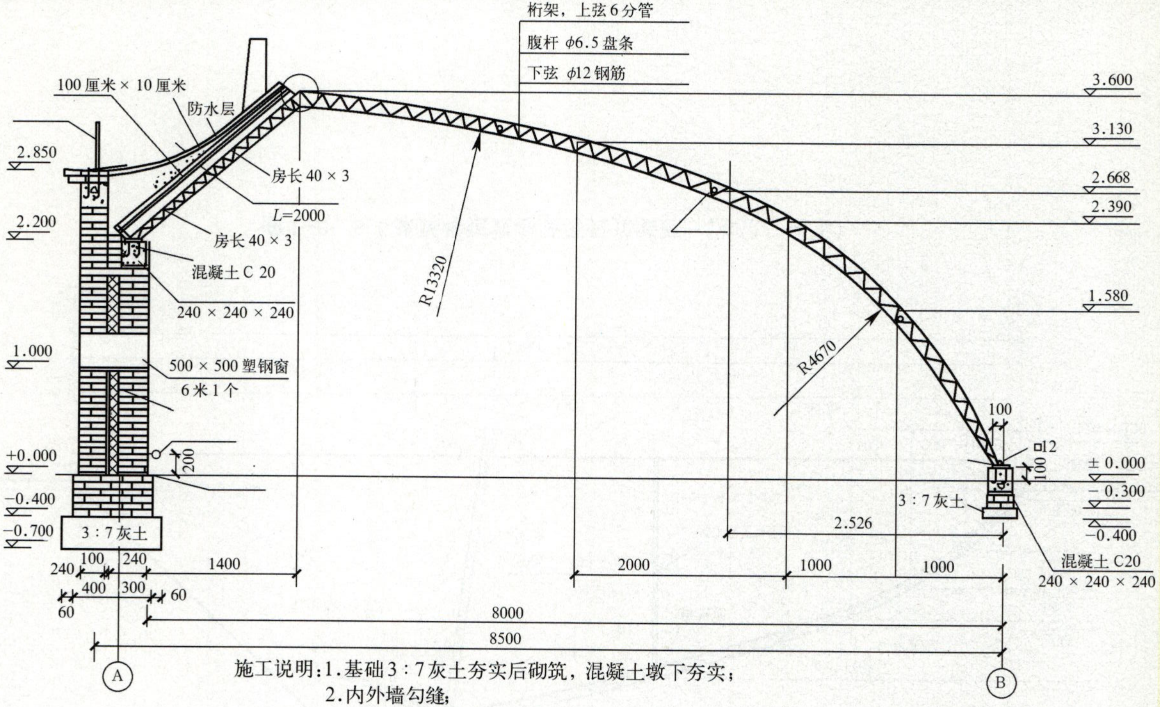

施工说明：1. 基础3 : 7灰土夯实后砌筑，混凝土墩下夯实；

2. 内外墙勾缝；

3. 前沿抹灰

图 1-7　8米砖墙日光温室剖面图二　（单位：毫米）

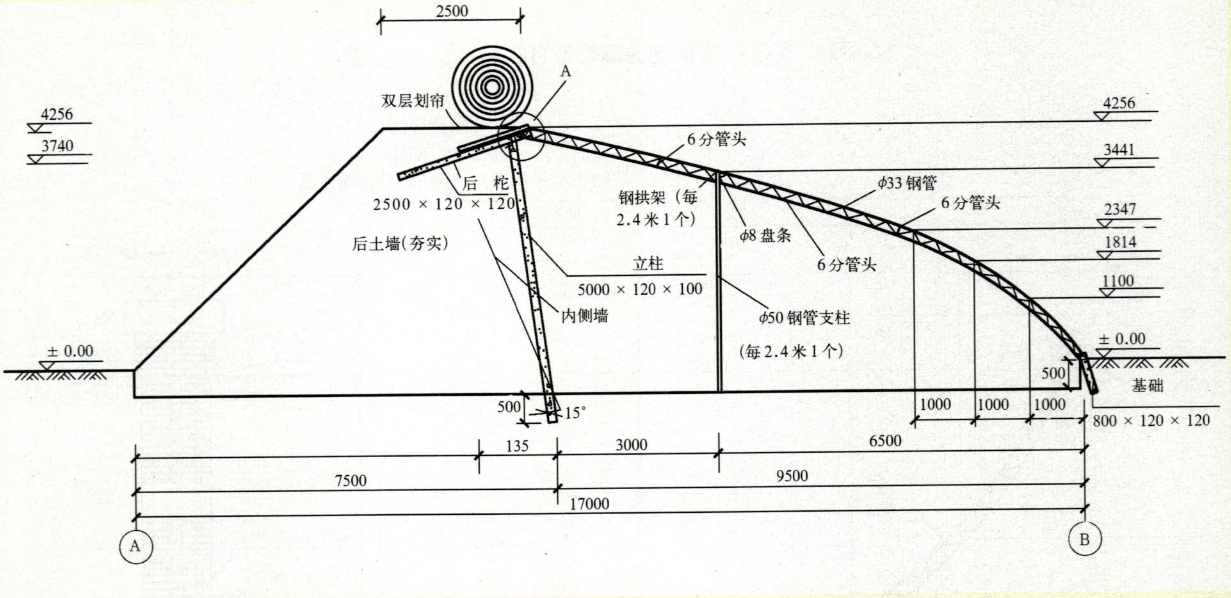

图1-8　9.5米跨琴弦式冬暖型日光温室　(单位：毫米)

二、西瓜新优品种

（一）中果型品种

1.京欣二号　果实圆形，绿底条纹，条稍窄，有蜡粉。单瓜重5～6千克，瓜瓤红色，果肉脆嫩、口感好、甜度高，果实中心含糖量为11.5%以上，皮薄。

供种单位：北京市海淀区板井村北京市农林科学院蔬菜研究中心，邮编：100081，电话：010−51503199（图2−1）。

图2−1　京欣二号

2.京欣三号　果实圆形，亮绿底色上有规则绿色窄条纹，皮薄，单瓜重5～6千克，瓜瓤红色，中心含糖量12%，肉质脆嫩，口感好，风味佳。

供种单位同京欣二号（图2−2）。

图2−2　京欣三号

3. 航兴一号 全生育期90天，果实自然成熟期28天。植株长势中等，果实近圆形，绿色果皮带绿色条纹，上覆白霜。果皮厚1厘米，瓤色粉红，质脆而多汁，风味好。果实中心含糖量11.5%以上，平均单瓜重5千克。

供种单位：北京市大兴区黄村镇林校北路2号北京市大兴区农业科学研究所，邮编：102600，电话：010–69262588（图2–3）。

图2–3 航兴一号

4. 航兴三号 全生育期85～90天，植株长势中等偏弱。每667平方米栽培850～900株，每株留1个瓜；作为礼品瓜种植，每株留2个瓜。果实圆形，果皮黄色带金黄色细条纹，皮较脆，皮厚0.8厘米。瓤色粉红，质地脆而多汁，纤维少，口感好，果实中心含糖量11.5%。每株留一瓜，平均单瓜重为4～5千克；每株留2个瓜，平均单瓜重3～4千克。

供种单位同航兴一号（图2–4）。

图2–4 航兴三号

（二）小果型品种

1.京 秀 果实发育期28～30天，全生育期85～90天。植株生长势强，果实椭圆形，绿底色，覆盖锯齿形窄条带，果实周正美观。平均单瓜重1.5～2千克，果肉红色，肉质脆嫩，口感好，风味佳。果实中心含糖量12%～13%，糖度梯度小，可适当提早上市。

供种单位同京欣二号（图2–5）。

图2–5 京 秀

2.新 秀 早熟小型西瓜品种。果实高圆形，底色鲜绿，深条带，单瓜重1.5～2千克。皮薄，瓤色红，口感细爽多汁，中心含糖量12%～13%。梯度小，果皮坚韧，适合保护地栽培。

供种单位同京欣二号（图2–6）。

图2–6 新 秀

3.红小帅 全生育期90天，果实成熟期28～30天。分枝力强，低温生长性好，适应春、秋、冬3季栽培。果实椭圆形，外观美丽有光泽，易坐果，果实整齐度好，单果重1.5～2千克，果肉红色，爽口多汁，中心含糖量12%～13%。

供种单位：北京市朝阳区惠新新里高原街4号北京市农业技术推广站，邮编：100029，电话：010－84634509（图2－7）。

图2－7 红小帅

4.黄小帅 全生育期85天，果实发育期26～28天。生长稳健，结果力强，抗病，适宜保护地和露地栽培。果实圆形，整齐美观，单瓜重1～1.5千克。果肉晶黄色，中心含糖量11%～12%，口感好，风味佳。供种单位同红小帅（图2－8）。

图2－8 黄小帅

5.黄晶一号　早熟小型西瓜品种，全生育期85天，果实自开花至采收需26～28天。生长势强，抗逆性强，易坐果。果皮黄色有深黄条纹，整齐度好，单瓜重1.5～2千克。果肉红色，品质优，中心含糖量12%以上。

供种单位同红小帅（图2-9）。

图2-9　黄晶一号

6.特大早春红玉　早熟小型西瓜品种，全生育期85天。分枝力强，低温生长性好，适应春、秋、冬3季栽培。果实椭圆形，外观美丽有光泽，易坐果，果实整齐度好，单瓜重2～2.5千克。果肉红色，爽口多汁，中心含糖量在12%以上，风味极佳。

供种单位同红小帅（图2-10）。

图2-10　特大早春红玉

7.航兴天秀　早熟小型西瓜品种，全生育期90天，开花后27天左右成熟，单瓜重1.5~2.5千克。果实椭圆形，绿底色上有墨绿色细条纹。果肉红色，质脆而多汁，风味佳，甜度达13°。抗病性强，适合春秋保护地栽培。供种单位：北京市大兴区黄村镇林校北路2号北京市大兴区农业科学研究所，邮编：102600，电话：010－69262588（图2－11）。

图2－11　航兴天秀

8.航兴天凤　早熟小型西瓜品种，全生育期85天，开花后25天左右成熟，单瓜重1~2千克。果实圆形，绿底色上有墨绿色细齿条纹。果肉黄色，质脆而多汁，风味佳，甜度达12°。适合春秋保护地栽培。供种单位同航兴天秀（图2－12）。

图2－12　航兴天凤

9. 京　雪　又名双色冰激凌。小型西瓜中早熟品种，全生育期95天，果实发育期30天，抗病性强，耐贮运，单瓜重6千克左右。果实圆形，果皮绿色，覆有墨绿色条纹，果皮薄。果肉白色，种子部位常出现粉红色，肉质酥脆，酸甜可口，折光糖含量12%以上。

供种单位：北京市海淀区板井村北京市农林科学院蔬菜研究中心，邮编：100081，电话：010–51503199（图2–13）。

图2–13　京　雪

（三）无籽西瓜品种

1. 蜜　童　小型无籽西瓜杂种一代，全生育期120～130天，果实发育期约35天。植株长势旺，分枝力强，坐果能力强。首个雌花节位7～10节，以后每隔5～6节着生一雌花，易坐果。果实高圆形，果形指数1.09，果皮绿色有宽齿条纹，瓤色鲜红，纤维少，汁多味甜，质细爽口，中心含糖量11%。平均单果重1.89千克。供种单位：山东省寿光市稻田镇寿光先正达种子有限公司，邮编：262706，电话：0536 - 5058806（图2–14）。

图2–14　蜜　童

2.墨　童　小型无籽西瓜杂种一代，全生育期120～130天，首个雌花节位7～10节，以后每隔5～6节着生一雌花，果实发育期35天左右。植株长势旺，坐果能力强。果实高圆形，果皮墨绿色覆细网纹，表面有蜡粉，瓤色鲜红，纤维少，汁多味甜，中心含糖量11%。果皮厚度0.74厘米，皮韧，耐贮运，平均单果重1.94千克。商品果实率96%，无籽性好。供种单位同蜜童（图2–15）。

图2–15　墨　童

三、西瓜嫁接育苗

（一）西瓜嫁接前的准备

1.营养土的配制 育苗营养土应选用保水保肥性能好的肥沃土壤，无砖瓦石块等杂物，不含病菌虫卵及草籽。不宜从菜园地、瓜地取土，以免带菌。营养土以入冬前挖取，经冬季冻晒风化再配制营养土为佳。为使配成的营养土松紧适度，既不散团伤根又不过于紧密影响根系发育，应根据土质用腐熟后的厩肥以适当比例混合，使之达到松紧度适当。

北京地区一般采用以下比例配制营养土：土与草炭比例为3∶1或土与充分腐熟的有机肥比例为5∶1。将营养土过筛，每立方米营养土（可育苗1000株）加入多菌灵（200克）等杀菌剂，拌匀后，用农膜覆盖堆闷2～3天，再放置1周后即可装钵（图3–1，图3–2）。装土标准为营养钵高度的3/4，上松下实，以利于出苗。

图3–1 配制营养土

图 3–2　装营养钵

2. 铺设电热线　电热温床应根据电热线说明标注的功率，根据育苗时环境温度条件，计算确定每平方米苗床所需的电热线用量。电热温床建床时宽为120厘米左右，深约20厘米，长度视育苗数量而定。苗床下部铺3～5厘米厚细土踏实后布线，根据电热线规格（长度和功率）和所需育苗温度计算出每平方米所需的电热功率，并由此确定苗床的布电热线间距。为使苗床中间与周边的土温一致，在总体间距不变的情况下，中间布线的间距应稍稀些，边行布线的间距可稍密些。电热线布好后（图3–3）撤去布线板并通

图 3–3　铺电热线

电检验后再使用。由于电热线功率有一定规格，使用时应详细阅读并遵守说明书的有关安全要求，特别要注意接头处绝缘问题。有条件的还可配自动控温仪，精确控制苗床温度。另外，在布线时还应注意以下两点：一是布线时两道线不能有重合点，以免烧坏线；二是电热线如有断点可接好密封后再用，不可弃掉部分线再用，以免发生危险。电热线上覆土1～1.5厘米厚（图3–4）。

图3–4　给电热线覆土

3. 种子处理

（1）温汤浸种　将种子放入55℃的温水中，不断搅拌15分钟，自然冷却浸种4～6小时。55℃为病菌的致死温度，浸烫15分钟后，基本上能杀死附在种子上的病菌、病毒（图3–5）。

图3–5　温汤浸种

（2）强光晒种 在春季，选择晴朗的无风天气，把种子摊在席子或纸张上，厚度不超过1厘米，使其在阳光下暴晒（图3–6）。每隔2小时左右翻动1次，使其受光均匀，晒6～8小时即可。阳光中的紫外线和较高的温度，对种子上的病菌有一定的杀伤作用。

图3–6 晒 种

（3）药剂消毒 将西瓜种子浸入能杀死病菌的药液中。药剂处理后，必须用清水洗净药液才可进行浸种催芽或晾干播种，否则可能发生药害（图3–7）。

图3–7 药剂消毒

4.浸种催芽 砧木种子用温水浸泡24～48小时，西瓜种子用温水浸泡5～6小时。浸种后搓洗去掉种壳表面上的黏液，洗净控干水分，用浸湿的纱布包好，在28℃～32℃条件下保湿催芽。催芽时使温度保持28℃～30℃恒温。将湿纱布或毛巾平铺在盘上，将种子平摊到布上，要注意厚度均匀，上面再盖1～3层湿布，进行恒温催芽。每天要将种子取出1～2次，用清洁温水冲洗，沥干后重新放回。一般24小时后开始出芽，2～3天基本出齐（图3–8，图3–9）。

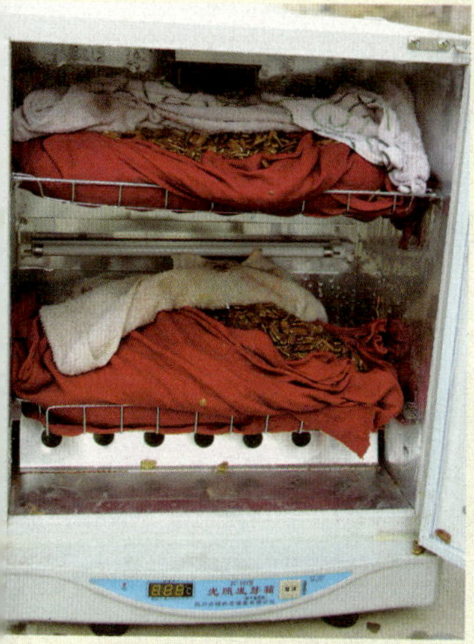

图3–8 恒温箱催芽

图3–9 电热催芽

5.播 种 砧木的播种时期：北京地区日光温室12月上旬至翌年1月上旬，大棚1月中旬至2月中旬，中棚2月上旬至2月下旬。播前1天浇透水。选择胚根长0.5厘米饱满正常的种子播种，播种时种子平放，胚根朝下，每个营养钵播1粒种子（图3–10）。播后覆细沙土1.5～2厘米，覆土后盖地膜（图3–11）。西瓜接穗可在育苗盘中播种（图3–

12)，还可直接播在育苗畦中，每平方米播2 500～3 000粒，播后覆土1～1.2厘米，并盖膜保温。

图3–10　砧木播种

图3–11　砧木播后覆土

图3–12　接穗穴盘播种

6. 苗期管理

(1) 砧木的苗期管理 一般播后5～6天出苗，出苗达到70%时，揭去地膜有利于预防高脚苗的产生。播种至出苗，温度控制在30℃～35℃；70%出苗至真叶展开时（图3–13），白天应降温至20℃～25℃，夜间15℃～18℃，防止出现高脚苗；真叶生长期间，白天温度控制在25℃～28℃，夜间温度控制在18℃～20℃。保持土壤下层潮湿，表土干燥，育苗期内不出现缺水症状时尽可能不浇水，防止出现徒长苗。采取措施尽量增加光照，适当通风换气。在育苗期通过移动营养钵倒苗，切断扎出营养钵的根系，促发新根，使秧苗整齐一致，有利于培育壮苗，有利于定植后缓苗。

图3–13 砧木苗床

(2) 接穗的苗期管理 接穗播种后覆盖地膜，以保持水分。4～5天后，接穗70%出苗时揭去地膜。播种至出苗白天温度控制在30℃～35℃，揭膜后温度控制在25℃～30℃；夜间温度控制在15℃～20℃。苗床基质相对含水量控制在70%～80%（图3–14）。

图3–14 接穗苗床

西瓜播种后，在正常情况下，瓜种依靠胚轴基部的膨压，将种皮由发芽孔推向一方，子叶靠下胚轴的伸长而向下拉长。通过这两个作用，使子叶从种皮内逐渐脱出，再加上覆盖种子的沙土对种皮的压力和阻力，所以当子叶出土时种皮便留在土中。如果覆土太薄、播种方法不当、土壤干燥或种胚发育不良等，则往往造成“戴帽”出土，严重妨碍子叶的伸展和发育（图 3–15）。正确的播种方法是：先洇地补墒再播种，播种时将种子平卧点播（切勿立放或倒置），然后覆土。覆盖瓜种的土是特备的细沙土，覆土厚度1～1.5厘米，然后用手轻轻按压一下，以增强土壤保墒能力和瓜芽出土阻力。

图 3–15　接穗带壳出土

（二）嫁接与嫁接苗的管理

西瓜嫁接栽培技术能有效防止枯萎病等土传病害的危害，促进西瓜前期营养体的生长，增加植株抗性，提高产量。西瓜嫁接栽培所使用的砧木主要有三大类，即葫芦、白籽南瓜和野生西瓜。西瓜嫁接栽培常用的嫁接方式有顶插接、贴接、劈接和靠接。

1.顶 插 接

（1）砧木和接穗播种时间差的确定　为使砧木和接穗

的嫁接适期相遇，砧木比接穗提前7～9天播种，即砧木长到1叶1心，接穗长到2片子叶展开（图3–16，图3–17）。

图3–16　顶插接嫁接适期的砧木

图3–17　顶插接嫁接适期的接穗

（2）嫁接前准备　砧木提前2天浇水，做好培育嫁接苗的畦，畦宽1～1.5米，畦长5～6米，插好竹拱杆准备随嫁接随盖膜。嫁接前1天洇畦，以增加环境湿度。工具的准备，小喷壶1个，小水盆1个，剃须刀片1个，竹签2个。竹签削成与接穗下胚轴粗细相同，一个较粗，一个较细，依接穗的粗细不同分别选用，竹签略扁为楔形，横断面半圆形（图3–18）。

图 3–18　嫁接工具

（3）嫁 接　接穗去根放入盛有净水的小水盆中。取砧木，先用刀片将砧木第一片真叶和生长点削去（图3–19），选与接穗下胚轴粗细相近的竹签在砧木子叶一侧以35°～40°向斜下方插入，竹签半圆面朝上，平面朝下。竹签斜插时，用另一只手捏住砧木下胚轴，当手指感觉到竹签尖时即可，一般斜插深度0.7～1厘米，不拔竹签（图3–20）。在水盆中取接穗，在接穗子叶下约1厘米处向下削去下胚轴表皮，再翻转接穗，从背面子叶下1厘米处向下30°～40° 斜切第二刀，斜面长

图 3–19　用切片削去砧木第一片真叶和生长点

度与已插孔相同（图 3-21）。拔出竹签，并将削好的接穗斜面向下迅速插入砧木的孔中，与砧木孔周围尽量贴

图 3–20　竹签斜向插入

图 3–21　用刀片削接穗

合（图 3–22，图 3–23）。为保证成活率，插、切动作应快而准，嫁接环境要遮荫背风，空气温和湿润。嫁接苗要及时喷水、保湿、扣严棚膜遮荫。据北京市大兴区瓜农在嫁接育苗时的经验，嫁接前 2～3 天对砧木苗进行摘心，可使砧木下胚轴明显增粗，有利于提高嫁接苗的成活率（图 3–24）。

图 3–22　插入接穗

图 3–23　顶插接完成

图 3–24　顶插接成活苗

(4)容易出现的问题　采用顶插接法培育嫁接西瓜苗，容易出现的主要问题是假活，即在嫁接时，当遇到砧木生理苗龄较大，胚轴有中空的情况时，由于接穗较垂直的插入到砧木的胚轴中，导致接穗的下胚轴大部分插到砧木胚轴的空心内，虽然短期内靠与砧木一小部分的结合维持成活，但会逐渐因营养不良而变弱致死亡。

2.贴 接 法

(1) 关键技术

一是砧木和接穗都需催芽后再播种。

二是砧木播种日期比接穗早播4～5天为宜，这样砧木长到2片子叶展平刚长出心叶时，接穗2片子叶刚好展平。

三是嫁接前准备嫁接夹、剃须刀片、小水盆、小喷壶等，做好培育嫁接苗的畦，要求同顶插接。

四是嫁接。将接穗沿根部剪下放到盛净水的小水盆中。取砧木，先用刀片切去生长点（图3–25），然后在两子叶间

图3–25 用刀片切去砧木生长点

1/3处，用刀片向另一侧呈30°角切下1片子叶，刀口长0.7～1厘米(图3–26)。在小水盆中取接穗用手捏住2片子叶，另一只手拿刀片，在子叶下方0.7～1厘米处向下呈约30°角斜切下，刀口长0.7～1厘米。将砧木刀口与接穗刀口相贴，一

侧的表皮对齐（图 3–27），然后用嫁接夹夹好（图 3–28），用小喷壶喷水（图 3–29）。

图 3–26　削好的砧木

图 3–27　砧木与接穗贴合刀口

图 3–28　用嫁接夹固定完成贴接

图 3-29　贴接成活苗

（2）容易出现的问题　采用贴接方法的主要目的之一是抢早，所以砧木长到两片子叶展平，真叶露心时就可嫁接，但栽培上常被瓜农忽视而嫁接偏晚，达不到提早育成嫁接苗的目的。容易出现的另一个问题是因湿度过大，砧木易被炭疽病侵染，造成砧木子叶因被侵染而失去光合能力，致使嫁接苗生长缓慢或死亡，成苗率降低。

3.劈 接 法

（1）关键技术

一是砧木与接穗播期时间差、砧木和接穗的嫁接适期等与顶插接相同。

二是嫁接前准备嫁接夹、剃须刀片、小喷壶、小水盆、遮阳网等。

三是嫁接。先取部分子叶已充分展开的接穗，去根后放到水盆中。取砧木，用左手捏住砧木子叶下方，先用刀片将生长点切掉，然后在砧木两子叶中间用刀片纵向切嫁接口，刀口宽是胚轴的2/3，纵向长0.8～1厘米（图3-30）。随后取接穗，用左手捏住2片子叶，右手拿刀片，在子叶下方约1厘米处斜切一刀，然后翻转再切一刀，使接穗的楔形

图 3–30　纵向劈开砧木胚轴

接口的横切面呈三角形或梯形，这样接穗楔形接口插入砧木刀口，使接口平合（图 3－31），用嫁接夹夹好（图 3－32），喷水，放入遮荫育苗棚（图 3–33）。

图 3–31　插入接穗，使接口平合

图3–32　用嫁接夹固定完成劈接

图 3–33　劈接成活苗

(2)容易出现的问题

一是嫁接时用刀片切嫁接口容易将砧木下胚轴全部劈开，造成两子叶下垂，严重影响嫁接口的愈合。

二是劈接时，接穗的楔形接口没与在砧木上劈出的接口的一侧表皮对齐，影响嫁接口愈合和嫁接的成活率。

4.靠接法

(1)关键技术

一是播种时砧木与接穗播在同一个营养钵中，接穗提前3～4天播在营养钵的一侧，砧木播在营养钵的另一侧。

二是当砧木子叶展开，接穗至子叶展开、真叶出现时为嫁接适期。

三是嫁接。取已长到靠接适龄的砧木及接穗的营养钵，先抹去砧木的生长点，随后在砧木子叶下胚轴1.5～2厘米处，用刀片向下35°～40°斜切一刀，深度达砧木下胚轴的近2/3。随后在接穗的子叶下1.5～2厘米的位置向上呈35°～40°斜切一刀，深度达接穗下胚轴的2/3（图3–34）。将

图 3–34　削砧木和接穗

砧木和接穗的舌形切口镶嵌（图3−35），用嫁接夹夹好（图3−36），最后用小喷壶喷水2～3下，该苗嫁接完成（图3−37）。

图 3−35　嵌合切口

图3−36　用嫁接夹固定好完成靠接

图 3−37　靠接成活苗

四是嫁接后光照和温度管理。光照管理，嫁接后的当天中午如光照较强，可适当遮荫，温度管理，以白天26℃～32℃，夜间18℃～22℃为宜。

五是断根、抹不定芽。靠接后8～10天断接穗根1/2，靠接后12～15天完全断掉接穗根，抹掉砧木生长点附近长出的不定芽。

（2）容易出现的问题

一是嫁接时砧木和接穗切口过浅，没有达到胚轴的2/3，接穗没有和砧木真正镶嵌到一起，接穗根一经切断，嫁接苗即死。

二是嫁接苗成活后（嫁接后10～12天）未及时断去接穗的根，使嫁接苗同时存在两种根系，过晚断接穗的根易造成嫁接苗成活率降低，如不断去接穗的根，易使嫁接西瓜受到枯萎病侵染。

5.嫁接后的管理

（1）湿度调节 嫁接后1～3天，棚内湿度应保持在95%～98%，第四至第六天棚内空气相对湿度降为90%～95%，嫁接后7～10天降为85%～90%，嫁接10天后降为80%～85%（图3–38）。

图3–38 湿度以膜上有水珠为宜

（2）遮荫管理　嫁接后3天内要在拱棚上加盖遮阳网，防止阳光直射，第四至第六天，每天早、晚各减少1小时覆盖，到第七天只在中午遮荫，遮挡中午的强光照，以后则不需遮荫（图3–39）。

图3–39　覆盖遮阳网

（3）温度管理　通过加温、调温措施，使棚内白天气温在26℃～32℃，夜间在18℃～22℃，以利于嫁接伤口愈合。保温调湿可通过拱棚薄膜风口来调节，嫁接10天后温度调节进入正常管理。

（4）倒苗、抹去砧木不定芽　嫁接后12～15天倒苗，筛出弱苗，同时倒苗可断掉扎出营养钵的根系（图3–40）。

图3–40　倒　苗

嫁接后从砧木子叶处常生出不定芽，要及时抹掉，以保证接穗的正常生长。

（5）炼 苗　一般经低温锻炼的瓜苗定植后发根快，缓苗快，进入生长快，有利于早熟。炼苗一般在定植前5～7天开始。炼苗前应选晴暖天气浇1次足水，逐渐加大通风量，使床内温度由25℃～27℃逐渐降到20℃左右，棚温白天保持在20℃～25℃，夜间12℃～15℃。棚室的通风口适当晚闭早开，使幼苗处在接近定植后的环境条件。遇到大风、阴雨、寒流等不良天气应停止炼苗，并采取相应的防寒、防风、防雨措施。

四、西瓜定植与田间管理

（一）施足基肥，整地做畦

栽培地选用地下水位低、排灌方便、土层深厚的砂壤土。日光温室应在冬前扣好膜，塑料大棚应在定植前20天扣好棚膜，促进秧苗定植后早发根早缓苗，以保障足够的增温时间。确保定植时棚内地温稳定在10℃以上，使棚内地温达到定植要求。移栽前10天造墒，整地做畦，开瓜沟（图4–1），施基肥（图4–2）。单行种植一般按行距1.3～1.4米挖瓜沟，沟宽40厘米，沟深30厘米。开好瓜沟后，每667平方米施用腐熟优质有机肥4～5立方米，同时施用磷酸二

图4–1 开瓜沟

图4–2 施基肥

铵和尿素各30～35千克，硫酸钾25～30千克，或施用与上述肥料有效成分相当的其他肥料，肥料与土壤混拌均匀后，做成小高畦，畦高20厘米，宽60～65厘米，这种做畦方式有利于土壤升温和灌排水，做畦后及时加盖地膜（图4–3），保温保湿。

图4–3　加盖地膜

（二）适时定植

1.定植日期　做好畦、覆好膜后，选择适宜的定植期是实现早熟高产的关键措施之一。定植过早，地温过低，不易成活；定植过晚，又达不到早熟的目的。具体的环境条件要求是：西瓜生长的环境日平均温度稳定在10℃～12℃，最低气温大于5℃，高畦地膜下10厘米处地温稳定通过10℃时为定植适期。注意要选择晴朗无风天气定植。北京地区日光温室栽培定植日期一般为2月下旬，塑料大棚栽培定植日期为3月中下旬。

2.定植方法　将竹棍截成株距的长度，在畦上的定植位置做好标记。用铲子或打孔器打孔（图4–4，图4–5），然后轻取

图4–4　用铲子打定植孔

图 4–5　用打孔器打好定植孔

苗坨，尽可能使土坨完整，置于穴内（图 4–6）。秧苗需轻拿轻放，尽量不要损伤根系。将秧苗从营养钵中倒出后，放入定植穴并用细土封实，按穴浇1次水，待水渗后封好定植穴（图 4–7），保持土坨与周边土壤紧密接触。定植的深度以苗坨与垄面相平为宜，过深或过浅都将延长缓苗时间。最后从行间取土封穴（图 4–8）。

图 4–6　轻取苗坨置于定植穴内

图 4–7　待水渗后封好定植穴

图 4-8　从行间取土封穴

定植时要选择根系发达、白根较多（图 4-9）的健壮秧苗定植，淘汰弱苗、病苗，按秧苗等级划片定植，以利于有针对性的管理。

图 4-9　根系健壮的秧苗

3. 定植密度　西瓜定植的密度因栽培方式而不同，小型西瓜采用搭架或吊蔓种植，密度为1 200～1 600株/667米²。采用地爬种植的有籽西瓜密度为700～800株/667米²，无籽西瓜密度为500～600株/667米²，小型西瓜密度为600～700株/667米²。

（三）温度管理

1. 缓苗期　需较高的温度，白天维持30℃左右，夜间

15℃，最低不能低于10℃，地温维持在15℃以上。夜间多层覆盖，日光温室覆盖草苫或保温被。日出后由外及内逐层揭开草苫、小拱棚（图4-10，图4-11），午后由内向外逐层覆盖小拱棚和草苫（图4-12）。

图4-10　温室掀草苫

图4-11　揭开小拱棚

图4-12　覆盖小拱棚

2.发棵期 白天保持22℃～25℃，超过30℃时应开始通风。通风不仅可调控温度，而且可以降低空气湿度，增加透光率，补充棚内的二氧化碳，提高叶片同化效能。夜间保持12℃以上（图4-13）。

图4-13 发棵期

3.伸蔓期 见图4-14。温度可适当降低，白天保持18℃～25℃，夜间保持在15℃以上。白天中午温度超过30℃时开始通风（图4-15至图4-17），下午温度降至26℃时关闭风口，随着外界气温的升高，通风量逐渐加大。早期

图4-14 伸蔓期

放风时要防止扫地风闪苗，随着外界气温的升高和瓜蔓的伸长，不需多层覆盖时，应由内向外逐步撤膜。当夜间大棚内温度稳定在15℃以上时，拆除棚内所有覆盖物(图4-18)。

图4-15　开腰风口

图 4-16　开顶风口

图 4-17　开底风口

图4-18　夜温稳定在15℃时，拆除棚内所有覆盖物

4.开花结果期　需要较高的温度，白天温度保持在26℃～30℃，夜间温度保持在16℃～20℃，以利于花器发育,促进授粉、受精的完成和促进果实发育。膨瓜阶段（图4-19）保持较大的昼夜温差可促进品质的提高。

图4-19　膨 瓜 期

保护地西瓜生产过程中应及时清除棚膜外侧的尘土、杂物，增加透光率（图4-20）。温室西瓜生产过程中，对草苫应尽可能早揭晚盖，以增加光照时间。

图 4–20　清洁棚膜，增加透光率

（四）植株管理

1. 整　枝　西瓜整枝方式主要有单蔓整枝、双蔓整枝、三蔓整枝和多蔓整枝等。在生产上常因品种、栽植密度、生产方式不同而有所变化。一般三蔓整枝多用于大中果型品种，密度为750株/667米^2；单蔓及双蔓整枝常用于小果型品种密植上架栽培，密度为1 200株以上/667米^2。西瓜整枝时间要适宜，过早会削弱植株长势，过晚则消耗养分。早春栽培如果以提早上市为目标，可采用单蔓整枝一主一侧、一主两侧整枝方式，如进行摘心，会延迟上市1周左右。

（1）单蔓式　西瓜抽蔓后，只保留主蔓，侧蔓一律摘除，每株只留一瓜。该方式适于小果型品种密植早熟上架栽培。

（2）双蔓式　一是每株除保留主蔓外，在主蔓基部3～8节处选留一条健壮侧蔓，其他侧蔓全部摘除。主、侧蔓相距30厘米左右，平行向前伸展（图4–21）。一般在主蔓上留瓜，若主蔓未能留住瓜，也可在侧蔓上选留。二是瓜秧长到4～5片叶时摘心(图4–22)留两条侧蔓，一般用于小果型西瓜栽培每株留两个大小基本相等采收期基本相同的瓜，有利于提高单位面积的产量。

图4-21　双蔓整枝

图4-22　摘　心

(3) 三蔓式　除保留主蔓外，还在主蔓基部选留两条生长基本一致的侧蔓，其他侧蔓全部去掉（图4-23）。但一些生长势较弱的品种在西瓜坐住后再长出的侧蔓也可不去掉，以利长大瓜。三蔓整枝叶蔓旺盛，营养面积大，坐果、选瓜机会多，果实可充分生长发育，适于大中果型品种。

(4) 多蔓式　是在5～6片叶时摘心，促进侧蔓生长，子蔓抽生后保持3～5条长势相近的子蔓平行生长，摘除其余子蔓及坐果前由子蔓抽生的孙蔓，构成了3～5蔓整枝，最后留3～4个瓜。此种方法一般用于小型西瓜地爬栽培。该

图 4-23　三蔓整枝

法的优点是各个蔓间的生长与雌花出现节位相近，可较集中的开花结果，果型整齐，商品率高，便于管理。

2.压　蔓　压蔓是伸蔓后瓜田管理的一项经常而重要的操作。在地爬栽培中，通过压蔓合理摆布瓜蔓的位置，使之均匀分布，以改善通风透光条件，增强同化效能，防止大风损伤藤叶。压蔓的方法：可以用土块、树枝、竹枝，或用铁丝做成“U”字形，卡住蔓的一定部位插入土中（图4-24）。

图 4-24　压　蔓

3. 立架栽培

(1)支 架　支架方式可分篱笆和人字形架（图4–25）。当瓜蔓长到15～20厘米时，即植株进入伸蔓前期，搭好栽培架。架材用料要求不严格，可用竹竿、树棍等，高1.5～2米（可根据棚高而定）。篱架立杆：离瓜苗根部25厘米左右垂直插入土中，深度为20～25厘米。为了节约材料，也可每隔2～3株插1根立杆，在立杆的上、中、下部各绑1道横杆以便绑蔓。为了加固，可在每个畦两端用横杆连接起来。也可用尼龙绳或塑料绳代替立杆，顶部固定在棚架骨架上，每蔓用一根塑料绳，成为吊绳架（图4–26）。篱架和吊绳架通风透光好、管理方便，适用于单行或双行。人字形架

图4–25　小型西瓜上架栽培

图4–26　小型西瓜吊蔓栽培

是用两行立杆顶端交叉绑成人字形，并按0.4～0.5米间距从下至上绑3道横杆（一般用拇指粗，长1.8～2米的竹竿），瓜蔓沿人字形架生长。这种支架通风透光较差、管理不便，但较牢固，适于双行定植。

（2）上架及绑蔓　瓜蔓长到30～40厘米时，开始引蔓上架，绑第一道蔓（图4–27）。为了防止绑蔓时西瓜根被拔出，可以在上架前先将瓜蔓向一侧进行盘条后再上架。随后每隔4～5节（30～40厘米）引蔓1次，均匀地绑在架的立杆和横杆上，一般每个瓜蔓绑4～5道即可，切不可把两条蔓绑在一起。也不要绑得太紧，以免影响茎蔓生长发育，雌花节前后不绑，以免影响果实的发育。在西瓜膨大前期用塑料绳将坐瓜节位前与支架固定，以防落瓜落秧。绑蔓一般用塑料绳或布条绑。西瓜蔓较长，大棚空间有限，为了压缩蔓的高度，绑蔓时可将蔓按“S”字形或“之”字形引蔓上升，当瓜蔓过长时可将前一道放松，折回后再引蔓上架。

图4–27　绑蔓上架

小西瓜前期生长势弱，瓜蔓细长，特别是夏秋栽培，雌花出现节位较高，瓜蔓很快就伸到架顶。为了提高坐果率和果实商品率，可将瓜蔓部分下落至畦面并摘除基部老叶，促进营养体生长和果实的膨大。

（五）水肥管理

西瓜播种前营养钵应浇透水，出苗后尽量不浇水，幼苗期浇水宜少，幼苗在比较干旱的条件下生长，有利于根系的发育。如果土壤过干，出现缺水现象时，可以用喷壶点浇（图4–28）。早春栽培，西瓜定植时在提前3～4天补墒的基础上不浇定植水，移栽6～7天后再浇缓苗水，这种浇水方式有利于提高地温，促进根系生长和缓苗（图4–29）。伸蔓期植株生长加快需水量增加，此期间为控制营养体旺长，促进根系生长，不宜大量浇水，采用小水缓浇，浸润根部土壤为宜，浇水最好在上午进行。西瓜膨大期植株需水量最大，在幼瓜膨大阶段，即当80%以上

图4–28　幼苗期土壤过干可用喷壶点浇

图4–29　先洇地补墒后定植

的幼瓜长到鸡蛋大小时，要浇膨瓜水（图4—30），以后要保持土壤湿润，满足膨瓜阶段果实对水的需求，采收前7～10天停止浇水，膨瓜期浇水要结合追肥。采取畦灌浇水的应注意2点，一是浇水要在晴天上午，二是浇水后应注意放风，防止因棚内湿度过大造成炭疽病等病害的发生。

图4—30　当80%的果实长到鸡蛋大小时浇膨瓜水

采用膜下灌溉的方式可以避免空气湿度因浇水而过分升高，而且能够节约用水。

膜下灌溉分膜下滴灌和膜下暗灌2种方式。膜下滴灌是在整好栽培畦后按行距铺设滴灌管，上面再覆盖一层地膜，主要起保墒、防病、除草等作用（图4—31）。这种灌溉方式

图4—31　膜下滴灌

省水，灌溉效果好，但投入成本高，对水质及灌溉设备要求高。膜下暗灌是把每畦定植2行的小高畦改成中间洼的瓦垄畦，畦上覆盖地膜，畦两侧各定植1行西瓜，瓦垄中间洼的部分形成浇水沟（图4—32，图4—33）。这种灌溉方式，也具备了省水，降低设施保护地内环境湿度，防病、防草等与膜下滴灌相似的优点，而且还具有投入少，应用方便的优点，适用于较分散的个体生产者。

图4—32　膜下暗灌

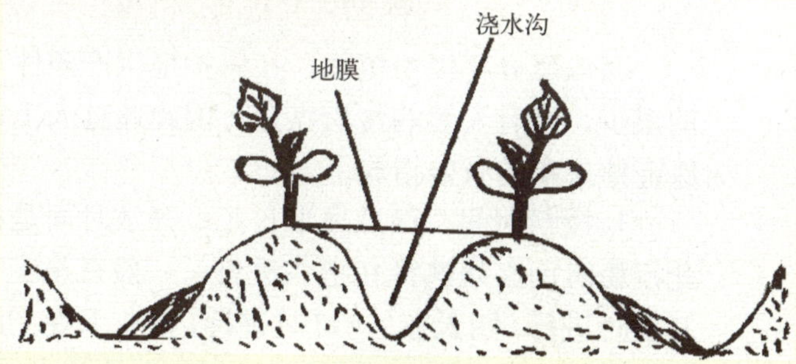

图4—33　膜下暗灌示意图

西瓜在基肥充足的条件下，整个生长期内可以不追肥。但若长势弱，基肥不足，也可在植株伸蔓期和膨瓜期进行追肥，以速效氮、钾肥为主。伸蔓期一般每667平方米可适当追施三元复合肥20千克，膨瓜期每667平方米追施硫酸钾10～15千克，尿素15～20千克。追肥方法为开沟撒施，采用滴灌栽培的地块可以随施肥罐（图4–34）浇水施入，另外也可以采用根外施肥喷于叶面达到追肥的目的。

图4–34 施肥罐

（六）人工授粉与果实管理

西瓜属异花授粉植物，在保护地生产条件下，昆虫活动很少，没有天然的传粉媒介，因此通过人工辅助授粉是保证结果率的有效措施。

1.授粉时间 西瓜属半日花，开放时间是在上午，因此授粉时间必须选择在上午进行。一般在早上8时后雌花开放时进行，阴天在9～11时进行，前1天晚上温度高可适当提前。

2.雌雄花选择 授粉需选择当日开放的雌雄花，要求雌花的花蕾发育好、个体大、生长旺盛（图4–35），雄花植株健康无病、充分成熟、花粉量大（图 4–36）。

图4–35　西瓜雌花

图 4–36　西瓜雄花

3. 授粉方法　摘下当天开放的雄花，去掉花瓣或后翻花瓣使雄蕊露出，然后用雄花的花药在雌花的柱头上轻轻涂抹（图 4–37），每朵雄花可涂 1～2 朵雌花。还可用松散的毛笔在开放的雄花药上蘸取花粉，再轻轻地涂于雌花柱头上，同时要做好授粉日期的标记，以确定采收日期（图

图 4–37　人工授粉

4–38)。小果型西瓜留果节位以留主蔓第三至第四侧蔓或第二至第三雌花为宜，使果实生长占有较多叶面积，有利于提高果实重量。

图4–38　人工授粉后标记授粉日期

4．其他管理措施　在管理过程中应摘除子房发育不全、授粉不良的畸形果和化果（图 4–39，图 4–40），留 1 个正常幼果（图 4–41）。疏果可以减少养分的消耗，增大果型，提高果实的商品性及经济效益。果实定个后间隔 5～7 天进行 1 次翻瓜（图 4–42），在傍晚时进

图 4–39　子房发育不全，授粉不良的畸形果

图 4-40　化　果

行，避免损伤果柄，共进行 2 ~ 3 次，最后把果实竖立起来。经过翻瓜的果实，色泽一致，瓜个均匀，商品性及品质较好。小型西瓜上架及吊蔓式栽培果实长到一定大小，应用绳子将瓜柄与瓜蔓捆绑在一起（图 4-43），防止果实坠落。

图 4-41　选留 1 个正常的幼果

图 4-42　翻　瓜

图4-43 用绳子将瓜柄与瓜蔓捆绑在一起，防止果实坠落

（七）适时采收、运输与贮藏

西瓜采收因品种、栽培季节、种植方式、供应时期等不同而有所差别。可通过以下辨别方式作为采收依据。

一是日期。在授粉时标记授粉日期，根据日期判断是否成熟。一般中果型西瓜自授粉后30～35天成熟，小果型西瓜28～32天成熟。

二是卷须。坐果节卷须从尖端起1/3干枯可作为西瓜成熟适宜标志，但应区别由于机械损伤引起的干枯。

三是果形皮色。果实成熟时，膨大停止，果梗茸毛消失，着花部位凹陷。果皮富有光泽，果面条纹和网纹鲜明。

四是果实弹力。成熟果实用手指压其蒂部感到有弹力，稍用力即有果肉开裂的感觉。用一只手托住瓜，另一只手敲弹瓜体，声音清脆为生瓜，声音沉稳、有弹性，稍混浊的为熟瓜，声音沙哑的为过熟瓜或空心瓜。

长途运输的西瓜，采收时间尽量选在傍晚，采收后在田间堆晾散热后再包装和装运为宜（图4-44）。包装的衬垫物一般视运输距离和工具而定。普通农用三轮车、拖拉机短途运输的西瓜多不用包装，或用编织袋简单装一下即可，但车底和四周应垫以稻草等物，以免碰伤。在选择运输工具时，应以经济、安全、快速为原则，尽量减少中间环节。最好是1次周转能由产区直接送到销区市场或直销客户。在装运时要做到轻装、轻卸，途中避免剧烈震动和机械碰撞，减少运输损失。

图4-44　西瓜采收过程要轻拿轻放

西瓜根据贮藏时的温度可以分为常温贮藏和低温贮藏。常温贮藏是利用阴凉通风普通房屋和仓库，如利用地下室或防空洞作贮藏库，可放3～4层西瓜（图4-45），温度高时应采取降温措施，贮藏室的门窗应经常打开，尤其是夜间，以通风降温，在地下室或防空洞应打开排风扇通风。应经常翻瓜堆，发现病瓜、烂瓜及时剔除。

图4-45　西瓜贮藏的码放

五、西瓜病虫鼠害防治

（一）物理防治方法

1.防虫网覆盖技术 防虫网覆盖技术是指用防虫网将日光温室或大棚与外界隔离（一般覆盖在风口处），从而防止害虫进入，起到减轻日光温室或大棚的虫量，同时预防病毒病传播的作用（图5–1）。

图5–1 使用防虫网

技术要点如下：

一是合理选用防虫网。防虫网目数增加，网内温度提高，通风性能减弱。白色网比银灰色网和黑色网内温度高。银灰色具有避蚜的作用，因此生产上建议使用40目银灰色防虫网。

二是采用适当覆盖方式。在高温、多雨的夏、秋季节，应采用全网覆盖栽培。在春、秋季节可采用网膜覆盖栽培。

三是实行全程覆盖。为切断害虫为害途径，整个生育期都要进行防虫网覆盖，要先覆网后播种。盖网前进行土壤深翻。覆网时，防虫网四周要压严压实，防止害虫潜入产卵。播种前要土壤消毒，杀死残留在土壤中的害虫和虫卵。

四是加强田间管理。要施足基肥和进行多次追肥。浇水采用沟灌方式，以降低地温，有条件的地方最好采用微型喷灌。尽量减少入网操作次数，进出网时要及时拉网盖棚，不给害虫入侵机会。要经常巡视田间，及时摘除挂在网上或田间的害虫卵块，检查网、膜是否损坏，及时加以修补。遇晴热高温天气，不管采用何种覆盖方式，都要采用遮阳、灌水等降温措施。

2.黄板诱杀技术 黄板诱杀是一种环保、高效的物理防治方法。该方法利用某些害虫对黄色有较强的趋向性，黏杀小型昆虫，黏虫板需定期涂黏虫胶、机油、凡士林等。黄板的大小根据需要制作或购买。一般每667平方米地块的温室或大棚需要30厘米×40厘米黄色黏虫板30～40块，悬挂于西瓜生长点上15～20厘米（图5–2）。主要诱杀的害虫有：白（烟）粉虱、蚜虫、美洲斑潜蝇等害虫。在使用时要注意黄板的高度，应在作物生长顶端20厘米处，故在使用时要随着作物生长及时调节黄板高度。

图5–2 温室西瓜田间挂设黄板

3.灯光诱杀技术 灯光诱杀害虫是利用害虫趋光性进行诱杀的一种物理防治方法，是一项重要的生态农业技术。

它具有操作简便，有效降低虫口基数，减少农药使用量等优点。近年来使用较多的是频振式诱虫灯和双光雷达自控高压汞灯，频振式诱虫灯一般诱杀面积3.3～4公顷（图5-3），双光雷达自控高压汞灯一般诱杀面积10～12公顷（图5-4）。

图5-3　日光温室安装的频振式杀虫灯

（二）精准施药技术

在进行药剂防治时，尽量选用只对标靶生物有作用的药物，或尽量选择只对标靶生物有作用的施药方式。本书讲的精准施药指从配药到施药都要严格按照规定的剂量进行配制和施用，每一步都要做到精细准确。

图5-4　双光雷达自控高压汞灯

1.计算药量　按照农药标签上推荐的用量进行配制，配制农药应选用精准施药量具（图5-5，图5-6），不能用瓶盖量取农药，一般都用每667平方米多少克和毫升数或稀释倍数表示用药量，应根据具体施药面积和标签上推荐的使用量计算用药量。

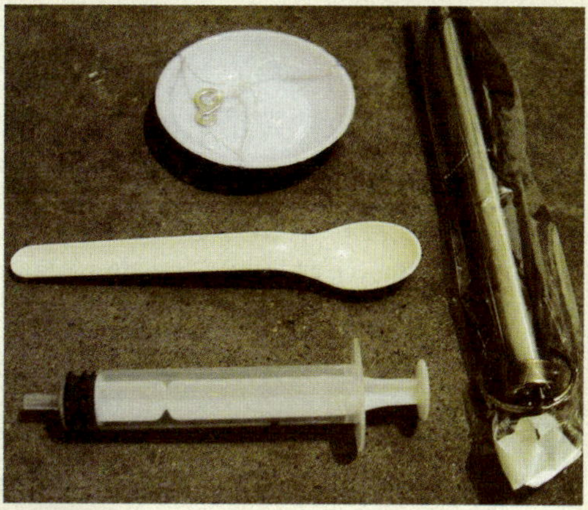

图 5-5　施药量具一

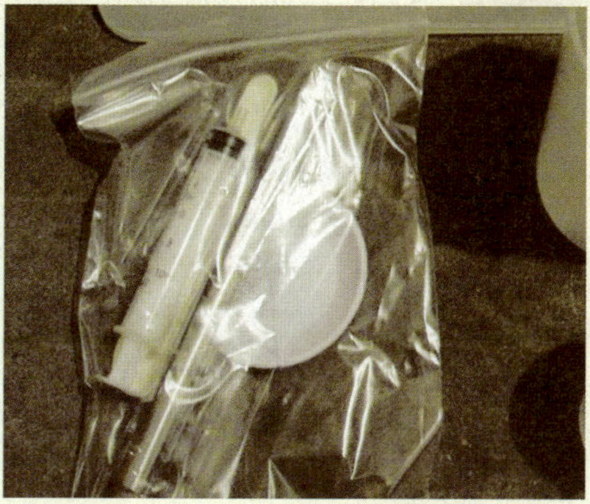

图 5-6　施药量具二

2. 二次稀释

(1) 水稀释农药　先用少量的水将农药制剂稀释成母液，然后再将母液稀释至所需要的浓度。

(2) 拌土、沙等的农药　应先用少量稀释载体（如细土、细沙、固体肥料等）将农药制剂均匀稀释成“母粉”，然后再稀释至所需要的用量。

3. 安全配药　配制农药应选择远离住宅区、牲畜栏和水源的地方进行，药剂要随配随用。已配好的药液应尽可能采取密封施药的办法，当天配好的药液当天用完。开封后余下的农药应封闭在原包装中安全贮存，不得转移到其他包装中，如饮料瓶或食品包装器物。

处理粉剂和可湿性粉剂时要防止粉尘飞扬。如果要倒袋装的可湿性粉剂，应将口袋开口尽量接近水面，站在上风处，让粉尘和飞扬物随风吹走。

4.喷雾方法 使用手动喷雾器喷施农药，应注意：改变沿前进方向左右交叉喷雾的习惯，这样极易漏喷或重喷。应采取单侧喷雾，并使喷头与作物保持一定的距离，严禁将喷头紧贴作物表面喷洒（图 5–7），针对不同作物的不同病虫草害，选用不同的喷洒部件；施药人员要始终处于上风向位置，不要进入刚喷施过农药的作物田内；雨天、大风天和高温季节（30℃以上）的中午，最好不要施药。尤其是在夏季，最好选择早上或傍晚施药，喷雾器中的药液量不要超过药桶最大容量刻度，以免药液溢出使施药人员中毒。

图 5–7 田间单侧喷施农药

（三）生理性病害防治

1.西瓜沤根 沤根是西瓜苗期和保护地早春定植初期的常见病，发生普遍，黏土地发生较重，可造成局部毁苗，尤其是早春定植后遇连阴雨低温天气发病重。

【症 状】 多表现新根不发，不定根少或无，幼根根皮变黄呈铁锈色，重时腐烂，极易拔起。幼苗叶片由下向上表现叶缘焦枯，叶色褪绿，最后萎蔫或干枯（图 5–8）。

【病 因】 沤根属低温所致生理病害。主要由于地温长时间处于 15 ℃以下，加之浇水过量或遇连阴雨天气苗床或大田地温过低，土壤板结缺氧，根系生长受阻，长时间低温缺氧使根部细胞坏死变褐。

图 5–8 西瓜沤根病

【防治方法】 ①采用地热线育苗，保持苗床温度 17℃以上。②苗期和定植应浇小水，尤其是遇阴雨天苗床温度较低时更应避免大水漫灌。③定植期遇沤根发生应中耕松土，提高地温。

2. 西瓜裂瓜

【症 状】 裂瓜多在膨瓜后期发生，多表现横向或纵向不规则开裂(图 5–9)，使其丧失商品价值，最后多造成腐烂(图 5–10)。

【病 因】 ①品种特性。通常薄皮品种在生产过程中容易出现裂瓜，特别是在临近采收期时容易发生。②管理不当。西瓜膨瓜期间浇水不均或较长时间控水后突然浇大水至瓜皮开裂。③西瓜在临近采收期天气暴晴暴雨，覆膜

图 5–9 西瓜裂瓜

栽培揭膜后空气湿度变化剧烈造成裂瓜。

图 5–10 西瓜裂瓜造成腐烂

【防治方法】①选择不易开裂的品种。②避免在较长时间控水后，或严重缺水时突然猛浇大水，应分次浇水，水量逐渐由小到大。③科学田间管理，保护地避免温度和湿度忽高忽低，并注意适时浇水和施肥。

（四）侵染性病害防治

1. 西瓜炭疽病

【症状】全生育期都可发生，可危害叶片、叶柄、茎蔓和果实。①苗期发病。子叶边缘出现圆形或半圆形红褐色至黑褐色病斑，边缘具有一浅色至黄褐色晕环，其上产生淡红色黏稠物，后期产生黑色小点。②嫩茎染病。多从近地面茎基部开始，病部黑褐色，缢缩变细，致幼苗猝倒。叶柄或茎蔓染病，初为水渍状黄色近圆形斑点，稍凹陷，后变黑色，病斑环绕茎蔓一周全株即枯死。③叶片染病。初为圆形至不规则形水渍状斑，有时有轮纹，干燥时病斑易破裂穿孔（图5–11，图5–12）。空气潮湿时，病斑表面生出粉红色黏稠物。④瓜果染病。初呈水渍状褐色凹陷，凹陷处常龟裂，后期在病斑中部产生粉红色黏稠物，严重时多个病斑

图5–11　西瓜炭疽病病叶发病初期

图5–12　西瓜炭疽病病叶发病中后期

连片，病瓜腐烂（图5–13）。未成熟瓜果染病，呈水渍状绿色圆形斑，幼瓜畸形或脱落。

图5–13　西瓜炭疽病病瓜

【防治方法】①与非瓜类作物轮作，使用充分腐熟的有机肥，采用高垄或高畦地膜覆盖栽培。有条件的可应用滴灌、膜下暗灌等节水栽培防病技术。②选用无病种子或进行种子灭菌，可用55℃温水浸种20～30分钟；或进行药剂拌种，可用种子重0.3%的70%甲基硫菌灵可湿性粉剂拌种。③生长期加强管理，适时浇水施肥，保护地应在晴天上午浇水并注意适当增加通风时间。④药剂防治，发病初期可选用70%甲基硫菌灵可湿性粉剂600倍液，或10%苯醚甲环唑水分散粒剂6 000倍液喷雾防治，保护地还可以选用5%百菌清粉尘剂或5%春雷氧氯铜粉尘剂1千克/667米^{2}喷粉，隔7～10天防治1次。

2.西瓜蔓枯病

【症状】　主要危害叶片、叶柄和茎蔓，严重时还侵染瓜果，在生育期都可发生。①幼苗染病，多在子叶分叉处发病，初呈水渍状，后变褐坏死并缢缩，病部产生黑色小点。②成株期发病，叶片病斑初为褐色，圆形或半圆形，后发展成边缘明显，中心灰褐色的病斑（图5–14）。后期病斑相互汇合成不规则大斑，或单个病斑发展成近圆形大斑，病斑中心灰褐色，边缘深褐色、有同心轮纹并产生明显小黑点（图 5–15），最后病斑波及全叶使整个叶片变黑枯死。有时病害沿叶脉发展，呈褐色水渍状坏死，也产生小黑点。叶柄及蔓上发病，初为水渍状小斑（图 5–16），后变褐色梭形至不规则形坏死斑，由小变大致全株枯死，其上产生许多黑色小点(图 5–17)。③瓜果染病，初形成不定形水渍状褐色坏死小斑，迅速发展成近圆形灰褐色水渍状坏死大斑，随病害发展病瓜腐烂，最后在病斑表面产生黑色小点，即病菌分生孢子器或子囊壳（图 5–18）。

图 5–14　西瓜蔓枯病病叶初期

图 5–15　西瓜蔓枯病病叶中后期

【防治方法】 ①实行与非瓜类作物轮作，拉秧后彻底清除病残体，适当增施有机基肥。②种子灭菌处理，可用 55℃温水浸种 20～30 分钟。③生长期加强田间管理，适时

浇水、施肥，避免田间积水，保护地浇水后加强通风，发病后要去除多余的叶和蔓，保持植株间的通风透光性良好。④药剂防治，可用70%甲基硫菌灵可湿性粉剂600倍

图5–16　西瓜蔓枯病危害茎秆初期症状

图5–17　西瓜蔓枯病茎秆后期危害状

液，或80%代森锰锌可湿性粉剂800倍液喷雾，每隔7～10天防治1次，视病情连续防治2～3次。茎秆染病可采用上述药剂调成粥状后涂抹病部进行防治。

3.西瓜白粉病

【症状】此病在西瓜全生育

图5–18　西瓜蔓枯病病瓜

期都可发生，主要危害叶片（图5-19），严重时危害叶柄和茎蔓（图5-20）。叶片染病初期在叶正面产生白色圆形粉斑，后逐渐扩展，至多个病斑相互连接使整个叶面布满白粉。随病害发展，粉斑的颜色逐渐变为灰白色，后期白色粉层下偶见产生黑色小点，严重时导致病叶枯黄坏死。

图5-19　白粉病危害叶片初期

【防治方法】①培育壮苗。定植时施足基肥，增施磷、钾肥，避免后期脱肥。②生长期加强管理。注意保持良好的通风透光性，保护地提倡使用硫磺熏蒸剂。③药剂防治。发病初期，可选用2%武夷菌素水剂200～300倍液，或10%苯醚甲环唑水分散粒剂8 000倍液喷雾防治，保护地可采用5%百菌清粉尘剂或5%春雷氧氯铜粉尘剂1千克/667米^{2}喷粉，防治效果更为理想。

图5-20　白粉病严重时危害叶片和茎秆病状

4.西瓜细菌性叶斑病

【症 状】 ①苗期染病，子叶和真叶沿叶缘呈黄褐色至黑褐色坏死干枯，最后瓜苗呈褐色枯死。②成株期染病，叶片上初生水浸状半透明小点（图5–21），以后扩大成浅黄色斑，边缘具有黄绿色晕环（图5–22），最后病斑中央变褐色或呈灰白色破裂穿孔，湿度高时叶背溢出乳白色菌液（图5–23）。③茎蔓染病，呈油渍状暗绿色，以后龟裂，溢出白色菌脓。④瓜果染病，初现油渍状黄绿色小点，逐渐变成近圆形红褐色至暗褐色坏死斑，边缘黄绿色油渍状，随病害发展病部凹陷龟裂呈灰褐色，空气潮湿时病部可溢出白色菌脓（图5–24）。

图5–21 西瓜细菌性叶斑病初期叶背危害状

【防治方法】 ①选用无病种子，播前用

图5–22 西瓜细菌性叶斑病中期叶背危害状

图 5-23　西瓜细菌性叶斑病后期叶片危害状

图 5-24　西瓜细菌性叶斑病病瓜

50℃～52℃温水浸种30分钟后催芽播种。或选用种子重0.3%的47%春雷氧氯铜可湿性粉剂拌种。②用无病土育苗，拉秧后彻底清除病残落叶。③与非瓜类作物进行3年以上轮作。④合理浇水，防止大水漫灌，保护地注意通风降湿，缩短植株表面结露时间，注意在露水干后进行农事操作，及时防治田间害虫。⑤药剂防治。可选用5%春雷氧氯铜粉尘剂1千克/667米^{2}喷粉防治。也可用47%春雷氧氯铜可湿性粉剂600倍液，或77%氢氧化铜可湿性粉剂500倍液，或新植霉素5 000倍液喷雾防治。

5. 西瓜疫病

【症 状】 ①幼苗发病。幼茎呈浅黄色水渍状坏死并缢缩，最后倒折。子叶染病，出现水渍状暗绿色近圆形坏死斑，以后变为红褐色。真叶染病，初生暗绿色水渍状圆形至不规则形斑，迅速发展使病叶腐烂，空气干燥，病斑变褐干枯（图5-25）。②茎蔓染病。以嫩梢或茎基部易受害，嫩茎多呈水渍状暗绿色坏死缢缩，湿度高时软腐，干燥时呈灰褐色干腐。茎基部染病，多形成纺锤形水渍状暗绿色凹陷斑，绕茎一周即致茎基腐烂，使瓜秧枯死。③瓜果染病。形成水渍状暗绿色近圆形坏死斑，边缘不明显，迅速扩展腐烂，病部表面产生浓密白色菌丝体(图5-26)。

【防治方法】 ①实行与非瓜类作物2年以上轮作。用无

图5-25 西瓜疫病病叶

图5-26 西瓜疫病病瓜

病土育苗，施用充分腐熟的粪肥。采用高垄或高畦地膜覆盖栽培。②加强管理，合理施肥。雨后及时排水，避免田间积水。定植后适当控水，发病后严格控制浇水，切忌大水漫灌，禁止下雨前浇水。③药剂防治。在发病前或发病初期及时进行药剂喷雾防治，可采用72%霜脲·锰锌可湿性粉剂600～800倍液，或69%安克·锰锌可湿性粉剂800～1200倍液喷雾防治。保护地可选用5%百菌清粉尘剂1千克/667米^{2}喷粉。重病地块进行药剂土壤灭菌，可用硫酸铜5～6千克/667米^{2}拌适量细土在定植前均匀撒施在定植沟或定植穴内。

6.西瓜枯萎病

【症 状】 此病全生育期都可发生。①苗期染病。病苗叶色变浅，似缺水状萎蔫，最后枯死，剖开茎秆可见维管束变黄。②成株期发病。初期叶片由下向上逐渐萎蔫，似缺水状，尤其在中午表现明显，早、晚恢复正常，几天后全株叶片萎蔫下垂（图5–27），不再恢复。部分叶片变褐色或出现褐色坏死斑块，同时茎蔓基部缢缩，呈锈褐色水渍状。空气湿度高时病茎上可出现水渍状条斑，或出现琥珀色流胶，病部表面产生粉红色霉层。最后病根变褐色腐烂，茎基部纵裂，剖开茎秆可见维管束变褐色（图5–28）。

【防治方法】 ①注意农业防治清洁田园，控制病原菌的传播途

图5–27 枯萎病与正常植株对比

图 5–28　西瓜枯萎病病瓜

径，施用充分腐熟的有机肥，加强田间管理，减少病虫发生，拉秧前及时清洁田间植物残体，有条件的需要进行秋翻地。②实行与禾本科作物轮作，避免连茬种植。③采用野生西瓜、瓠瓜或白籽南瓜作砧木进行嫁接栽培。

7. 西瓜病毒病

【症状】此病在田间主要表现花叶和蕨叶两种类型症状。花叶型即表现系统花叶，幼嫩叶片出现浓淡相间的花斑，以后皱缩畸形，节间缩短，难以坐瓜或瓜很小（图 5–29，图 5–30）。蕨叶型表现新叶线状，狭长，幼嫩叶片皱缩扭曲，主蔓变粗，新生蔓纤细扭曲，花器发育不良，难以坐瓜。两种类型轻病株易形成畸形瓜或僵瓜。重病株未结瓜即坏死。

【防治方法】①选用无病种子，或用 10% 磷酸三钠浸种10分钟后洗净播

图5–29　西瓜花叶病毒病叶片症状之一

图 5-30　西瓜花叶病毒病叶片症状之二

种。②施足有机基肥，增施磷、钾肥。生长期加强管理，适时浇水、施肥，及时拔除重病植株和整枝压蔓。③集中培育壮苗，及时防治蚜虫。夏秋栽培要利用保护地设施并加设防虫网。④药剂防治。发病前期或初期可喷施20%盐酸吗啉胍·铜可湿性粉剂500倍液，或1.5%植病灵乳剂1500倍液等进行防治，施用时可混加生长调节剂，如碧护等。

8. 西瓜根结线虫病

【症 状】　①苗期染病，表现为叶色变浅，叶缘枯黄，重病苗枯死，其幼根上产生许多浅黄色大小不等葫芦状根结。②成株发病，轻微时症状不明显，仅表现叶色变浅，天热时中午萎蔫。发病重时植株矮化，生长衰弱，叶片萎蔫下垂，有时嫩叶畸形，不结瓜或瓜很小，严重时瓜秧枯死。病株根系多表现主根朽弱，侧根和须根增多，其上产生许多大小不等形状不同的瘤状根结（图5-31，图5-32）。根结早期为黄色，质地柔软，逐渐变成灰褐色，有时龟裂，最后腐烂。

【防治方法】　①无虫土育苗，培育无病壮苗。病害常发区选用无虫土或大田土育苗，施用不带病残体充分腐熟的有机肥，也可用基质育苗，同时注意防止人为传播。②重病地块收获后应彻底清除病根残体，深翻土壤30～50厘米，在夏季三伏天进行日光温室高温消毒灭虫。即在前茬拉秧后分别

图5—31　西瓜根结线虫病根部初期症状

图5—32　西瓜根结线虫病后期危害状

施生石灰和碎稻草300～500千克/667米^2，翻耕混匀后挖沟起垄做畦，灌满水后盖好地膜并压实，再密闭棚室10～15天，可将土中线虫及病菌、杂草等全部杀灭。处理后注意增施生物菌肥。③药剂处理土壤。播种或定植前进行土壤处理，可选用1.8%阿维菌素乳油667～1000毫升/667米^{2}对水均匀施于苗床，或施于定植沟或定植穴后再播种或定植，或选用10%噻唑膦颗粒剂2千克/667米^{2}定植前沟施或撒施。④采用与禾本科作物轮作倒茬栽培是比较有效的防治措施。

（五）虫害防治

1.美洲斑潜蝇

【为害特点】 美洲斑潜蝇在北京地区年发生8~9代，冬季露地不能越冬。由于美洲斑潜蝇虫体微小，繁殖能力强，成虫飞行，农药防治极易产生抗性。同时，田间世代重叠明显，蛹粒可掉落在土壤表层。主要以幼虫钻蛀叶肉组织，在叶片上形成由细变宽的蛇形弯曲隧道，多为白色（图5–33），有的后期变成铁锈色，白色隧道内交替排列湿黑色线状粪便（图5–34）。严重时叶片在很短时间内就被钻花干枯。成虫产卵和取食还刺破叶片表皮，形成白色坏死产卵点和取食点，严重影响光合作用，大量蒸发水分，致叶片坏死（图5–35）。

图5–33 美洲斑潜蝇初期叶片为害状

图5–34 美洲斑潜蝇后期叶片为害状

【防治方法】①发生较重的地区，实行与美洲斑潜蝇非喜食蔬菜轮作。②种植前耕翻土壤30厘米以上，害虫发生期增加中耕和浇水，破坏化蛹，减少成虫羽化。收获完毕，及时彻底清除田间植株残体和杂草，有虫植株残体必须高温堆沤处理。保护地在尚未拉秧前40℃以上高温闷棚，杀灭残存虫蛹。轻发区加强田间调查，发现受害叶片及时摘除，集中沤肥或掩埋，并对全田进行药剂处理。③悬挂30厘米×40厘米黄色黏虫黄板，诱杀成虫。④防治成虫喷药宜在早晨或傍晚进行，防治幼虫宜在低龄期施药，即多数被害虫道长度在2厘米以下时进行。最好选用兼具内吸和触杀作用的杀虫剂。可选用1.8%阿维菌素乳油2500～3000倍液，或50%灭蝇胺乳油4000～5000倍液等喷雾防治。

图5–35 美洲斑潜蝇成虫

2.温室白粉虱

【为害特点】温室白粉虱成虫和若虫吸食寄主植物的汁液（图5–36，图5–37），致叶片褪绿、变黄、萎蔫，甚至全株枯死。同时，分泌大量蜜露诱发煤污病，影响叶片光合作用。此外，还传播多种病害。温室白粉虱可通过风口近距离随季节气温变化往返迁移，冬季在温室作物上繁殖为害，春季通过温室通风或菜苗进入露地，深秋少量成虫经风口飞回温室。

【防治方法】①实行与温室白粉虱非喜食寄主蔬菜轮

图 5–36　温室白粉虱成虫

图5–37　温室白粉虱若虫和蛹

作，避免适生寄主瓜类、豆类、茄果类蔬菜混栽套种。收获后彻底清理田间杂草和植株残体，妥善处理或高温发酵沤肥，减少田间虫源。②培育无虫苗，把育苗和温室生产分开。育苗和移栽前彻底熏杀残余虫口，风口用防虫网隔离，控制外来虫源。③采用挂黄板诱杀。在白粉虱发生初期，将黄板挂在棚室内诱杀成虫，一般每667平方米地块的温室或大棚悬挂 30 厘米 × 40 厘米黄板 30～40 块，并定期涂黏虫胶。④药剂防治。由于白粉虱世代重叠，各种虫态同时存在，目前尚无兼杀所有虫态的药剂。一种药剂防治需连续几次，并根据各虫态垂直分布规律重点针对相应虫态，以确保防治效果。可选用25%噻嗪酮可湿性粉剂1 000～1 500倍液，或3%啶虫脒乳油1 000～2 000倍液，或40.7%毒死蜱乳油800～1 000倍液喷雾防治。此虫对药剂易产生抗性，生产防治需注意轮换交替用药。⑤生物防治。保护地内白粉虱成虫低于每百株50头时释放丽蚜小蜂300～500头，10天左右1次，连续放蜂3～4次，可有效控制白粉虱种群增长，寄生率可达75%以上。放蜂期间可施用25%灭螨猛可湿性粉剂1 000倍液，防治白粉虱成虫、若虫和卵，而不影响丽蚜小蜂的生长繁殖。

3.瓜 蚜

【为害特点】 以成虫和若虫在叶片背面和幼嫩组织上吸食作物汁液。瓜苗嫩叶和生长点受害后，叶片卷缩（图5–38)，瓜苗萎蔫，严重时枯死。老叶受害，提前老化脱落，缩短结瓜期或影响幼瓜生长，造成减产，也传播病毒病。

图5–38 蚜虫为害状

瓜蚜在华北地区年发生10余代，繁殖适温16℃～20℃，北方露地6月至7月中下旬虫口密度最高，为害最重。

【防治方法】 ①田间挂银灰色膜条驱避蚜虫，田间挂黄板诱杀有翅蚜。②适时进行药剂防治，尽可能选择兼具触杀、内吸、熏蒸三重作用的药剂。喷雾可选用50%抗蚜威可湿性粉剂2 000～3 000倍液，或48%毒死蜱乳油3 000～4 000倍液，或1%印楝素水剂800～1 200倍液，或0.65%茼蒿素水剂400～500倍液等。

4.地下害虫

(1) 蝼蛄类 见图5–39。

【为害特点】 成虫和若虫喜食种子和幼根、幼苗，造成缺苗断垄。咬食西瓜根部和幼茎，呈现乱麻丝一样的被害状。此外，该虫在表土层穿行，形成很多隧道，使幼苗与土壤分离，失水而干枯。

【防治方法】 ①拌种。在西瓜播种前，用50%辛硫磷乳油，按种子重0.1%～0.2%拌种，堆闷12～24小时后播种。②结合田间操作，发现有新拱起的隧道时，可人工挖洞捕杀。③毒饵诱杀，先将麦麸、豆饼等按饵料0.5%～1%的比例加入90%敌百虫晶体，制成毒饵。每667平方米瓜田撒施2千克。

图5–39 华北蝼蛄成虫

(2) 蛴螬类 见图5-40。

【为害特点】 食性杂，能为害多种植物。也可食害萌发的种子，咬断幼苗的根茎，造成幼苗枯死，轻则缺苗断垄，重则毁种绝收。

【防治方法】 同蝼蛄。

图5-40 蛴螬幼虫和成虫

（六）鼠害防治

西瓜从播种、出苗、伸蔓、坐瓜到果实成熟和收获后贮运期，都可遭受鼠害，害鼠吃直播的西瓜种子，咬食瓜苗、瓜蔓，啮食幼瓜，更喜欢吃成熟的西瓜。

西瓜田常见的害鼠有：黑线姬鼠（图5-41）、褐家鼠

图4-41 黑线姬鼠

（图 5–42）、小家鼠（图 5–43）等。其防治方法如下。

图 4–42 褐家鼠

图 4–43 小家鼠

一是在瓜田布放鼠夹进行捕杀。在瓜田查找鼠洞，在鼠洞口或害鼠经常出没的地方放置大号铁夹（图 5–44），诱饵使用新鲜花生米捕杀。

图 4–44 灭鼠用鼠夹

二是采用西瓜田常规投放毒饵方法。采用5米×20米均匀条带式投饵方法，将0.005%溴敌隆小麦毒饵成堆投放，每堆投饵10～15克。每667平方米投饵60～100克。

三是采用西瓜田毒饵站*投饵方法。露地西瓜田每667平方米设置1个毒饵站，每个毒饵站投0.005%溴敌隆小麦毒饵50克，沿沟、渠布放；温室、大棚等保护地设施每个棚布放5个毒饵站，放置在设施内、外沿墙根各2个，操作间1个，每个毒饵站投饵50克。3天、6天、9天定期检查，并补充毒饵；鼠密度大的可适当增加毒饵站数量。

四是清除瓜田杂草，减少害鼠在田间的隐蔽物，从而减轻鼠害。

---

*毒饵站又称毒饵盒，指鼠类能够自由进入取食而其他非靶标动物（如家禽、家畜、野生鸟类等）不能进入盛放灭鼠毒饵的装置。毒饵站的长度为30～40厘米，雨挡的长度为3～5厘米，有陶土毒饵站、砖瓦毒饵站、PVC毒饵盒、瓦楞纸毒饵盒。